学生

应急避险与救护指南

中国安全生产科学研究院　编

U0351376

中国劳动社会保障出版社

图书在版编目（CIP）数据

学生应急避险与救护指南/中国安全生产科学研究院
编. -- 北京：中国劳动社会保障出版社，2022
ISBN 978-7-5167-5719-2

Ⅰ．①学… Ⅱ．①中… Ⅲ．①安全教育 - 青少年读
物 Ⅳ．① X956-49

中国版本图书馆 CIP 数据核字（2022）第 237939 号

中国劳动社会保障出版社出版发行

（北京市惠新东街 1 号 邮政编码：100029）

*

北京市科星印刷有限责任公司印刷装订 新华书店经销

787 毫米 × 1092 毫米 32 开本 3.375 印张 52 千字

2022 年 12 月第 1 版 2022 年 12 月第 1 次印刷

定价：**22.00 元**

营销中心电话：400–606–6496

出版社网址：http://www.class.com.cn

编 委 会

前　言

　　学生是国家的未来，民族的希望，学生的安全关系亿万家庭的幸福，关系社会的和谐稳定。党中央、国务院始终高度重视学生安全问题，对加强学生安全工作出了一系列重要指示，二十大报告指出"要加快建设教育强国、科技强国、人才强国"，学生安全工作作为教育强国的基础，更应摆在突出位置，引起足够重视。

　　近年来，各级政府、相关部门和各级各类学校对学生安全工作的重视程度不断提高，学校安全的各项工作制度不断建立和完善，学生的安全问题整体有所改善。但受自身素质、教育水平、家庭氛围和地区差异等因素的影响，不同年龄段学生的安全意识仍有待提高，安全问题仍普遍存在。据教育部有关资料统计，在中小学生群体中发生的交通和溺水事故占全年各类安全事故总数的 50% 左右，其造成的学生死亡人数超过全年事故死亡总人数的 60%。国家相关部门和各级政府相继出台了一系列关于保障学生安全的法律法规和政策文件，针对学生校内和校外的安全问题提出了明确的要求，将每年 3 月份最后一周的星期一定为"全国中小学生安全教育日"。可见，学生的安全工作任重而道远。

面向学生群体普及安全应急避险和救护知识，进一步增强学生的自我安全保护意识，提高学生应对突发事件的应急处置能力，是全社会共同的责任。为此，中国安全生产科学研究院组织有关专家编写了《学生应急避险与救护指南》。本书针对中小学生的特点及不同类型安全事故（事件），介绍了详细的预防措施及应急处置方法，坚持实际、实用、实效的原则，力求做到内容通俗易懂、形式生动活泼，能够让学生们在活学活用中掌握安全知识。

我们坚信，在学校、家长、学生以及全社会的共同努力下，通过大力宣传普及安全健康知识、应急避险及救护的科学方法，学生的安全意识和应急能力必将得到提高，学生的安全问题必将得到有效改善。希望每位学生都能收获一个平安、健康、精彩的未来！

编者

2022 年 11 月

目 录
MuLu

四、典型事故案例

一、学生安全现状

Xuesheng Anquan Xianzhuang

学生安全现状

1. 学生安全现状分析
2. 常见安全事件及原因

1. 学生安全现状分析

学生安全问题，一直备受学校、家长及社会的高度关注，它关系学生的健康成长，更关系到中华民族的未来和希望。近年来，我国学生安全形势虽整体有所好转，但安全事故仍然时有发生。

教育部有关资料表明，中小学各类安全事故中，溺水和交通事故占比较大，约占全年中小学各类安全事故总数的 50%，造成的学生死亡人数超过全年事故死亡总人数的 60%。据不完全统计，进入 21 世纪以来，我国每年因道路交通事故造成死亡的人数在 10 万人左右，中小学生占比接近 15%。而溺水事故致死的数据更令人瞠目。根据 2021 年央视新闻公布的数据，我国每年有 5.7 万人溺水死亡，其中少年儿童占比 56.68%。与交通事故、户外活动、校园暴力、自然灾害、食品安全、触电、火灾及踩踏事件等原因相比，溺水一直都是中小学生发生意外伤害的主要原因，其比例高达 50%~60%，由于农村自然条件比城市复杂，农村中小学生溺水死亡人数是城镇中小学生的 2 倍，男生又比女生更容易发生溺水事故。

　　教育部首次发布的中小学安全事故总体形势分析报告中指出，学生安全意识淡薄是多数事故发生的重要原因，中小学生安全事故的主要特征为农村是校园安全事故多发地区，低年级学生更容易发生安全事故。节假日是事故多发期，事故多发地点主要集中在上下学路上、江河水库和学校及周边等。

2. 常见安全事件及原因

中小学生常见安全事件主要集中在交通事故、溺水、户外活动伤害、校园暴力、实验安全、卫生防疫、火灾、触电等方面。中小学生安全现状分析表明，大量安全事故发生的主要原因是学生自身缺乏安全意识，其自我保护能力和遵纪守法意识有待加强。同时学校、家长、社会等监管力度不足，安全管理制度不健全，有关部门安全主体责任落实不到位，未形成工作合力。主要表现为：

➤道德、法制教育和安全与应急避险知识教育力度不足，安全教育工作的开展方式、渠道单一化，甚至流于形式，导致中小学生安全意识和应急避险能力不足。

➤学校安全管理制度不健全，对一些安全隐患未及时发现或整改。

咱们要加强联系，及时沟通。

➤学校和学生家长（或监护人）的沟通、联系较少，未能及时发现和解决问题。

➢家长在日常生活中缺乏对孩子安全意识的培养以及应急避险知识的普及。

➢老师或家长对孩子情绪变化未及时察觉，并进行沟通和疏导。

➢有关部门对学校周边交通、治安等乱象整治力度不够。

➢农村办学条件较差，加之学校的师资力量不足，安全设施配备不齐全，安全管理水平有待提升。

二、校园安全常识

Xiaoyuan Anquan Changshi

校园安全常识

1. 常用紧急联系电话
2. 主要应急物资及应急避难场所
3. 相关方安全职责

1. 常用紧急联系电话

学生在日常学习和生活中，应牢记以下紧急联系方式和信息，以备不时之需。

➢ 遇到突发情况时，要及时拨打以下电话：

√ 遭遇抢劫、偷盗、拐骗等事件，拨打 110。

√ 遇到火情，拨打 119。

√ 受伤、生病需要急救，拨打 120。

√ 发生交通事故，拨打 122。

➢ 牢记家庭地址和紧急联系人的电话。

➢ 牢记学校求助电话或班主任老师电话。

➢ 正确辨识警察、保安等人员，遇到危险情况及时向其求助。

专家提醒

报警时应准确描述自己所在位置、遇到的问题和情况。

报警
110

交通
122

救护
120

家人电
话号码

KLO

119

2. 主要应急物资及应急避难场所

无论是学校还是家庭，日常都应储备必要的应急物资，并使其学会辨识和使用。还要让学生了解附近的应急避难场所。

☖ 应急物资

应急物资储备是为应对各种紧急情况而提前准备的物品。这些物品能够帮助人们在突发事件发生时自救或互救。据统计，灾后70%的受困者都是靠自救或互救得以幸存。应急物资主要包括：

➤应急物品

√ 手电筒。配备具备收音功能的手摇充电手电筒，此类手电筒可对手机充电、可自动搜索广播电台、按键可发出报警声音。

√ 救生哨。建议选择无核设计、可吹出高频求救信号的救生哨。

√ 毛巾、湿纸巾。用于个人清洁。

➤应急工具

√ 呼吸面罩。用于火灾逃生的消防过滤自救呼吸器。

√ 多功能组合剪刀。有刀锯、旋具、钢钳等组合功能。

　　√ 应急逃生绳。用于居住楼层较高时逃生使用。

　　√ 灭火器/防火毯。灭火器可用于扑灭油锅起火或电气火灾等；防火毯可起到隔离热源及火焰作用，披覆在身上可在遇到火情时逃生。

　　➤ 应急药物

　　√ 常用医药品。如抗感染、抗感冒、抗腹泻类非处方药。

　　√ 医药材料。如创可贴、纱布、绷带等用于外伤包扎的医用材料。

　　√ 碘伏棉棒。用于处理伤口、消毒、杀菌等。

🏠 应急避难场所

应急避难场所是指为应对突发性自然灾害和事故灾难等，用于临灾、灾时、灾后人员疏散和避难，具有一定生活服务设施的场所。应急避难场所一般会选在既有宽阔空间，又能方便集合周围人群的地方。如公园、绿地、广场、体育场、学校操场、停车场等。可通过以下方式可获取应急避难场所的位置信息：

➢ 如果外出遭遇灾情，可查询地方政府的公开信息，其会定期发送应急避难场所位置信息。

➢ 使用手机查看地图，可快速获取周边的应急避难场所位置。

➢ 平时要留意公园、广场、停车场、学校操场等处是否有应急避难场所标志。

🏠 应急标志

➢ 要留意所处场所周围的应急标志、应急路线、应急通道的位置。

➢ 熟记家庭、学校及上下学途中常走街道的名称、周边醒目的标志等。

➢学会识别与日常生活密切相关的安全标志及应急标志。如当心触电、当心滑跌、水深危险、应急避难场所等。

3. 相关方安全职责

🖱 学校方面主要安全职责

➢加强学生思想道德教育、法制教育和心理健康教育，使学生能够养成遵纪守法的良好习惯。

➢加强师德教育，教职工不得做出侵犯学生权益和影响学生身心健康的行为。

➢强化校园人防、物防、技防措施，做好校园安全基础性工作。

➢严格学校日常安全管理，建立健全校内各项安全管理制度和安全应急机制等，完善宿舍、食堂和实验室安全管理制度等。

➢建立家校联系沟通机制，明确学生紧急联系人清单，有问题及早发现、及时干预。

➢辨识学校及其周边威胁学生安全的主要危险有害因素，积极开展校园及周边综合治理工作，制定并实施有效的安全措施。

➢加强学生和教职工安全专题培训，学习常见意外伤害处置方法。

➢编制专项应急预案，并定期开展应急演练。

严格学校安全日常管理。

👥 家长方面主要安全职责

➤要做到安全监管"四知道":知道孩子去哪儿、知道孩子做什么、知道孩子和谁去、知道孩子何时归。

➤提高自身修养,言传身教,注重孩子思想品德的教育和良好行为习惯的养成。

➤加强与学校、孩子的沟通,关注孩子情绪变化,做到及时沟通和疏导。

➤加强对孩子生理卫生知识的教育和良好卫生习惯的培养。

➢承担学生在校外的安全教育、管理和监护责任。

🏮 社会方面主要安全职责

➢有关部门要在各自职能范围内通力合作，共同做好中小学生安全工作。

➢有关部门和群团组织应配合学校、家长（或监护人）共同做好乡村校园留守儿童的监护工作，关心并改善留守儿童在校外的生活状况。

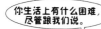

三、常见事故灾害防范 与应急避险措施

Changjian Shigu Zaihai Fangfan
Yu Yingji Bixian Cuoshi

常见事故灾害防范
与应急避险措施

1. 交通事故
2. 溺水事故
3. 户外活动伤害
4. 火灾事故
5. 触电事故
6. 实验室安全事故
7. 校园卫生事件
8. 校园暴力事件
9. 拐骗事件
10. 自然灾害

1. 交通事故

据公安部 2021 年发布的有关数据，在我国中小学生道路交通事故中，骑乘电动自行车的事故占 31% 左右，骑乘摩托车的事故占 30% 左右，骑乘自行车的事故占 6% 左右，乘坐汽车的事故占 12% 左右，步行发生的事故占 18% 左右。骑行电动自行车和摩托车的事故死亡中 80% 没有佩戴头盔，乘坐汽车死亡中 50% 以上没有使用安全带。由于中小学生活泼好动、自控力弱、好奇心强、喜欢冒险，因此，我们需全方位加强防范。中小学生首先应当严格遵守交通法规，不支持小学生在没有家人陪同时独自乘坐公交车或地铁等公共交通工具。

🚌 步行时，应做到：

➤ 严格遵守交通规则，横过马路时要按信号指示灯通行：红灯停，绿灯行，黄灯亮时

21

不抢行；无信号灯时应走地下通道、过街天桥，通过划有斑马线的人行横道时，应注意来往车辆。

➤不要随意在道路上穿行，步行要走人行道，无人行道的地方应靠右边走，走路要专心，不要边走边看手机或戴耳机。

➤不在过街天桥、地下通道、行车道等人、车流量大

的地方长时间逗留。

  ➤ 走过街天桥、地下通道时要小心台阶，靠右侧行走，不穿越、攀爬、跨越道路和铁路的隔离设施。

23

  ➤ 不在车前跑，不在车后留，不在车旁站，不在路上玩。

➤外出要告知家人前往地点、同行人员及回家时间，避免夜晚独自出行。

 骑行时，应做到：

➤未满 12 周岁不要在道路上骑自行车。

➤未满 16 周岁不要在道路上骑电动自行车、平衡车。

➤骑行谨记"六不"：不骑快车、不抢道、不追赶比赛、不脱手骑车、不并骑、不骑车载人。

➤骑行和乘坐电动车时要正确佩戴头盔。

➤改变骑行车道或穿越交叉路口时，应减速慢行，确认安全后再通过。转弯时，应伸手示意，不要突然猛拐。

➤骑车时不看手机、不戴耳机。

➤不得在道路上骑独轮自行车或双人自行车等。

➤要注意定期检查车铃、轮胎、刹车系统等是否完好。

> 骑行自行车时，应注意：

√ 要选择车型大小合适的自行车。

√ 靠右骑行，不逆行，不在机动车道上骑行。

25

√ 远离汽车盲区，不靠近其他车辆骑行；不在没有防护的岸边、堤坝骑行。

√ 骑车时不要双手脱把，不多人并骑，不互相攀扶，不互相追逐、打闹，不"S"形骑车。

√ 不在人流密集地方骑行，进出校园要下车推行；下陡坡时应下车推行；当横过机动车道时，应当下车推行，确认安全再通过。

√ 雨天骑车，最好穿雨衣、雨披，不要一手持伞，一手扶把骑行。

√ 雪天骑车，要选择无冰冻、雪层浅的平坦路面，并与前车保持较大距离。

专家提醒

一旦发生事故，遇到肇事司机逃逸的情况，尽可能记下车牌号和车型，及时报警。

🚌 乘坐公交车时，应注意：

➤ 乘坐校车时应准时到达学校指定的地点候车，听从跟车老师和校车司机的安排。小学生尽可能由家长接送到达乘车地点或陪同乘坐公交车。

> 上下车时不拥挤、不插队，坐下后系好安全带。

> 乘车过程中，不要大声喧哗、走动，不要在车上嬉戏打闹，不要将手和头探出窗外。

➢尽量不要在车上食用食品，防止急刹车导致刺伤、卡喉等。

➢公交车进站时，不跟车跑，等车停稳后有序上车。

➢上车后坐好或扶好站稳，站立时应紧握吊环或立柱，不要倚靠或手扶车门。

➢不要私拿乱动车上应急设施，如消防锤、灭火器等。

➢下车后，要确认安全后再通行，过马路时不要从车辆的前后方急冲猛跑。

➢乘错车或下错站时，应向司乘人员或交通协管人员求助，不要跟陌生人走。

➢车辆发生事故时，不要惊慌，应听从司乘人员指挥，有序撤离。

乘地铁时，应注意：

➢ 进出车站或乘车时要做好个人防护，注意个人卫生。

➢ 小学生避免单独乘坐地铁，尽可能由家长陪同。

➢ 候车时不要对聚众围观现象产生好奇心，避免偷盗或踩踏等事件的发生。

➢ 候车时，不要越过黄色安全线。

站在黄色安全线后！

➤ 屏蔽门关闭提示铃响起时，切勿奔跑，不要强行上下车或用手扒车门。

➤ 上车后在座位上坐好，站立时应紧握吊环或立柱，不要倚靠或手扶车门。

➤ 到站前，提前做好下车准备，以防错过下车站点或匆忙下车引起挤伤。

➤ 发生意外情况时，应保持镇静，注意收听车厢内的广播，按照工作人员的指挥有序撤离，不扒门，不擅自进入隧道。

➤ 了解地铁站点的逃生路线和紧急通道。

专家提醒

在传染疫情高发时，乘坐交通工具要做好个人防护。

2. 溺水事故

　　《2022中国青少年防溺水大数据报告》的数据显示，因溺水造成的伤亡位居我国0~17岁年龄段首位，占比高达33%；1~14岁溺水事故的比例超过40%。2021年，教育部印发了《关于做好预防中小学生溺水事故工作的通知》，部署各地做好防溺水工作。通知要求，各地要紧盯关键时间节点，抓住学生上学、放学和周末、节假日等关键时间节点，强化防溺水安全教育。加强家校沟通，督促家长加强对学生离校期间的监管。要紧盯关键防控措施，各地要紧盯重点危险水域，提请当地党和政府及时对辖区内易发溺水事故的重点危险水域进行排查整治，要紧盯重点学生群体，高度关注农村中小学生，特别是留守儿童、特殊家庭学生等重点群体。溺水事故高发地区学校要积极创造条件，开设游泳课，帮助学生掌握游泳技能和自救自护方法。

　　🦷 中小学生应谨记"六不"：

➢ 不准私自下水游泳。

➢ 不准擅自与他人结伴游泳。

➢ 不准在无家长或老师带领的情况下游泳。

➢不准到不熟悉的水域游泳。

➢不准到无安全设施、无救援人员的水域游泳。

➢不准不熟悉水性的青少年擅自下水施救。

🐧 预防溺水事故，应注意：

➢掌握必备的游泳技能，遵守游泳馆安全须知。前往
正规游泳场所，在家长或专业教练的指导下学习游泳，切
勿靠近深水区。

➢不到有"危险"或"禁止游泳"等警示标志的水域
游泳，不到湖泊，池塘，有急流、漩涡或不熟悉的危险区

域游泳，不到无安全设施、无救援人员的水域游泳。

> 不到河、湖、水库等结冰水域走动和滑冰，不到未开放的冰面游玩。

> 避免在夜晚或照明不佳场所游泳，不要在恶劣天气，如雷雨、刮风或天气突变等情况下游泳。

> 海边戏水或游泳，需有家长陪同，且要沿着海岸线平行方向游，不得擅自跨越警示区域。

禁止滑冰

这里危险不能滑冰。

➤下水前做好准备活动，适应水温后再下水，避免出现抽筋等现象。若发生抽筋情况，不要惊慌，可做蹬腿或跳跃动作，或用力按摩、拉扯抽筋部位，同时呼救。

➤不要贸然跳水和在水中嬉戏打闹，不要将同伴压入水中或拖入水下。

➤不要边游泳边吃食物。

➤游泳时间不宜过长，最好每半小时休息一次。游泳中，如果突然觉得不舒服，如眩晕、恶心、心慌等，应立

即上岸休息或向同伴打手势求救。

➤ 身体过于疲劳、情绪过于激动或太饱、太饿时不宜游泳，女生经期不要下水游泳。

☝ 一旦发生溺水事故，应做到：

➤ 不要惊慌。找准时机用力吸足一口气后立即屏住呼吸，然后尽量放松肢体将头后仰，使得身体上浮。待口鼻露出水面后再呼吸、大声呼救，等待救援。呼吸时，要尽量用嘴吸气，用鼻呼气，以防呛水。当施救者游到身边时，不要挣扎，应积极配合。

➢ 中小学生遇到溺水者不要轻易下水救人。施救者首先要考虑到自身水性及自身是否具备专业的救助知识。

➢ 发现溺水者要大声呼叫，在确保自身安全的基础上，借助可利用物体在岸上施救，并拨打"110"报警。

➢ 对救起的溺水者应及时采取心肺复苏等急救措施，同时尽快拨打"120"求救。

🏺 游泳时手脚抽筋自救方法：

➢ 若游泳者手指抽筋，则可将手握拳，然后用力张开，迅速反复几次，直到抽筋消除。

➢ 若游泳者小腿或脚趾抽筋，先吸一口气仰浮在水面上，用抽筋肢体对侧的手握住抽筋的脚趾，并用力向身体方向拉，同时用同侧的手掌压在抽筋肢体的膝盖上，帮助抽筋腿伸直。

➢若游泳者大腿抽筋，可同样采用拉长抽筋肌肉的办法解决。

🔲 施救者救护方法：

➢当溺水者被顺利救上岸后，施救者首先要确认溺水者的心跳和呼吸。

➢若有心跳无呼吸时，首先要进行控水。立即清除其口、鼻腔内的水、泥及污物，用纱布（手帕）裹着手指将溺水者舌头拉出口外，解开其衣扣、领口，以保持呼吸通畅，然后抱起溺水者的腰腹部，使其背朝上、头下垂进行控水。或者抱起溺水者双腿，将其腹部放在施救者肩上后，施救者快步奔跑将溺水者腹中积水控出。或施救者取半跪位，将溺水者的腹部放在施救者腿上，使其头部下垂，并用手掌平压背部进行控水。

➢若溺水者呼吸停止，施救者进行完上一步骤后，应立即进行人工呼吸，一般以口对口吹气为最佳。施救者位于溺水者一侧，托起溺水者下颌，并捏住鼻孔，深吸一口气后，向溺水者口内缓缓吹气，待其胸廓稍有抬起时，放松其鼻孔，并用一手压其胸部以助呼气。反复

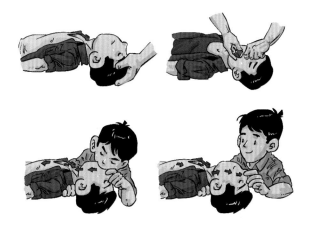

并有节奏地（每分钟 16~20 次）进行，直至溺水者恢复呼吸。

➤ 若溺水者心跳停止，则应先进行胸外心脏按压。首先，让溺水者仰卧，并在其背部垫一块硬板，使其头部稍后仰，施救者位于溺水者一侧，面对溺水者，右手掌平放在其胸骨下段，左手放在右手背上，缓缓用力下压，不能用力太猛，以防骨折。将胸骨压下 4 cm 左右，然后放松手腕（手不离开胸骨）使胸骨复原，反复有节奏地（每分钟 60~80 次）进行，直到心跳恢复。

➤ 当溺水者心跳和呼吸恢复后，应第一时间将其送往医院治疗。

3. 户外活动伤害

中小学生户外活动安全事故多发生在课间活动、体育运动以及郊游、文艺汇演、运动会、社会实践等大型活动中，这些活动具有规模大、涉及人员多等特点，发生的事故主要有踩踏事故、骨折、磕伤、食物中毒、中暑、走失等。户外活动不同于日常安全管理，安全隐患较大。因此，进行户外活动时老师和家长都要帮助中小学生建立活动安全意识，提高应急避险能力，做好事前预防。

🍱 课间活动时，应注意：

➢ 有序进出教室，上下楼梯靠右行，不拥挤或互相推搡，防止踩踏事故的发生。

➢不在教室内追逐打闹、互扔东西，防止被桌椅棱角磕伤、砸伤。

➢不在楼梯间进行球类运动，防止磕伤或滑跌摔伤现象发生。

➢不随意攀爬楼梯扶手或趴在教室窗口、楼道护栏向下张望，防止发生滑脱坠楼事件。

➢不要站在门边或门后玩耍，以免被门挤伤。

😊 进行体育运动时，应做到：

➤ 注意学生运动着装的安全性，应穿戴简洁、宽松的运动服装。

➤ 听从老师指挥，有序进行各项目的训练或比赛。

➤ 运动前做好准备活动，运动后做好放松整理活动。

➤ 不随意攀爬运动器材，不在运动器材上做危险动

作。

　　➤ 参加器械运动项目的训练和比赛时，要做好安全保护。

　　➤ 训练或比赛过程中发现身体不适，要及时告诉老师，必要时应及时就医。

　　集体外出活动时家长和学校要做好防范工作，避免事故发生或能够快速进行事故救援：

　　🎪 运动会及大型会演时，应注意：

　　➤ 与家长进行沟通，取得家长的支持与配合。

　　➤ 会前应对参赛学生进行健康检查，确认参赛人员身体健康状态。

➢合理划分比赛活动区域，检查道具、器械、卫生环境等。

➢有序进出场地，避免出现推搡现象，引发踩踏事故。

➢设专人在场地内外进行巡视，禁止闲杂人员进入比赛场地，发现问题及时处理。

➢做好应急预案，一旦发生意外，迅速实施抢救，做好组织、引导、疏散工作。

➢活动前和活动中，向学生进行安全教育，提升其安全意识和自我保护技能。

💺 集体外出活动时，应注意：

➢社会实践活动内容应符合学生的年龄特点和认知能力。

➢根据季节性、外出活动的时间及地点，穿戴合适的衣物，带上防晒及防蚊虫叮咬等必备用品，遇划伤、蚊虫咬伤、蜇伤时，要及时告知老师或家长进行处理。

➢听从老师指挥和安排，不单独行动，以免走失。脱离集体活动时，如上厕所，应及时告诉老师，经批准方可离开。

➢活动过程中，应随时清点人数。

➤不要在公路、铁路、建筑工地等处逗留、游玩，远离山崖、洞穴、河流、桥梁及高压电线等。

➤不乱采摘和乱吃野果等，防止食物中毒。

➤一旦走失，应及时向活动区域的工作人员寻求帮助或原地等待，亦可就地取材，制作简易求生避险标志。

45

4. 火灾事故

为了预防火灾事故的发生，中小学生除了应当了解所处场所的消防安全须知、熟悉安全应急通道外，还应注意：

➤ 禁止在家中、学校或户外随意点火，以免引发火灾。

➤ 不在山林、河边等有草木的地方生火，烧烤食物；不在宿舍使用酒精灯、煤油炉、电磁炉等烹饪食物。

这样容易引起火灾。

➤不携带易燃、易爆物品，发现同学玩火，应立即劝阻制止，并报告老师和家长。

➤点燃的蚊香要远离窗帘、衣服、书等可燃物，使用电蚊香后应切断电源。

➤若发现燃气泄漏，不得使用明火或打开电气开关，应立即关闭燃气阀门或寻求周围邻居帮助。

➤当家用电器着火时，应立即切断电源，用沙土、毛毯或棉被捂盖燃烧处，切忌用水扑救；当纸张、家具或衣服起火时，可以用水扑救。

➤ 当火势无法控制时，应立即拨打"119"火警电话，报告火灾地点和火势情况。

➤ 火灾发生后，应保持镇静，不要盲目行动，迅速从安全通道撤离，切不可搭乘电梯逃生，更不要盲目跳楼。

➤ 若火势已大、无法撤离时，应用湿毛巾、床单等物品堵住门窗缝隙，并不断浇水，同时向外发出求救信号，等待救援。

➤ 在得不到及时救援时，身居３层以下，可借助绳子、床单、窗帘等，紧拴在门窗和阳台的牢固构件上顺势滑下，或利用室外排水管等下滑逃生。

➤如果烟雾弥漫，要用湿毛巾捂住口鼻，沿墙壁弯腰前行，迅速逃生。

➤衣服着火时，切勿奔跑，尽快脱下着火衣服或就地打滚将火压灭。

51

5. 触电事故

预防触电事故，应注意：

➤ 家用电器应当在家长的指导下学习使用。

➤ 不用湿手触摸电器及开关，不要用手或导电物接触、探试电源插座内部或运转的电器（如电风扇）等。

➤ 使用家用电器时，做到人走电断。

➤ 不在电闪雷鸣的天气使用电器。

➤ 手机充电时尽量不要使用。

➤ 熟知电源总开关的位置，一旦发生危险立即切断电源。

➤ 不在架有电缆、电线的地方放风筝或进

53

行球类活动。

➤ 严禁在宿舍使用大功率电器。

➤ 发现电线老化、破损或电路故障时，及时向家长、老师反映，不得擅自处理。

➤ 发现有人触电时，在确保自身安全的前提下，要及时切断电源或用干燥的木棍等绝缘物将触电者与带电体分开，并大声呼救。

6.实验室安全事故

随着素质教育的普及，越来越多的科学实验走进中小学课堂。近年来实验室安全事故时有发生，学校、教师及学生要落实实验室各项安全要求，掌握科学的实验方法，避免事故发生。

☕ 进入实验室，应做到：

➤遵守实验室规则。严禁烟火，进入实验室必须熟知实验室安全规定，严格遵守纪律，遵守实验室规章制度，保持肃静，注意安全。

➤遵守操作规程，做到安全实验、认真学习、健康发展，全面提高自身的科学素养。

➤禁止在实验室内饮食或利用实验器具储存食品。

➤禁止在实验室内推搡打闹。

➤熟悉实验室基本操作，如加热源的使用，试管、药品的取用等。

➤未经许可，学生不得进入实验仪器物品保管室和实验操作室，不得擅自接触实验室化学药品，更不可将化学药品带出实验室。

➤实验前要明确实验目的、方法和主要仪器的性能及药品的特性，严格按照实验操作规程和老师的要求进行实验。

➢根据实验需要取用器材，不能盲目地翻找实验器材，以免损坏实验器材或造成人身伤害。

➢要严格按照说明和在老师的指导下使用危险药品，不得违规使用危险药品，以免发生事故。

➢使用酒精灯等热源时，用火柴等点燃酒精灯后切勿将火柴棒扔进垃圾桶，以免引起火灾或爆炸。更不可使用两个酒精灯对接点火。实验完毕，切勿用嘴将火吹灭，应用酒精盖盖灭。

➢进行加热实验时，不要将管口指向自己或朝向同学，以防管内物质沸腾溅出伤人。更不可近距离俯视正在加热的液体，以防液体溅出伤人。

➢加热后的器材未冷却前不可用手触碰，以防烫伤。

➢如需嗅闻某种气味，不可将脸凑近容器去嗅，以防中毒，应用手挥引气味嗅闻。

➢化学药品使用完毕后应放回原处，实验结束后按照规定对"三废"进行处理。使用的化学药品，不能用手直接接触，不能用鼻子直接去嗅，更不能用口尝，每次实验结束后，应将手洗净才能离开实验室。

➢实验过程中，要注意安全，防止意外的发生。如出现异常现象，应立即停止实验，及时报告老师，在老师的指导下妥善处理。

➢实验结束后，及时切断电源和火源，清洗有关器皿，整理教学仪器、药品和器材，没有用完的药品、材料，要放到指定的容器或其他地方存放，严禁将实验器材和药品携带出实验室。

🍚 实验室发生火灾时，应做到：

立即停止加热，迅速移走或隔绝一切可燃物，切断电源，停止通风。

➢酒精等有机溶剂着火时，应用湿抹布或沙土盖灭，或用泡沫灭火器扑灭。

➢金属钠、钾、镁、铝粉、过氧化钠着火时，要用沙

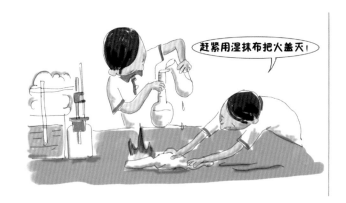

土覆盖或用干粉灭火器灭火，切勿用水扑救。

➢ 电气设备或带电系统着火时，可用二氧化碳灭火器

或四氯化碳灭火器灭火，切勿用水扑救。

➤若火势较大，需要用灭火器进行扑救，并同时报警。如果用灭火器无法扑灭，实验室内人员应尽快撤离，并要将实验室门关闭，以免火势蔓延。

🗑 实验过程中发生中毒时，应做到：

➤若吸入氯气、溴蒸气、一氧化碳等有毒气体，应立即将中毒者转移到空气新鲜的地方，实施救护。

➤若皮肤接触到有毒物质，应立即用棉花或纱布擦掉，并用大量清水冲洗。

➤如果皮肤已有破伤或毒物不慎落入眼睛内，应用纯净水冲洗后立即就医。

🏥 强酸、强碱若为液体，溅到皮肤上应先用干布或干纸擦掉。实验过程中被化学药品烧伤时，应做到：

➤ 被强酸腐蚀，应立即用大量清水冲洗，再用碳酸钠或碳酸氢钠溶液冲洗。

➤ 被浓碱腐蚀，应立即用大量清水冲洗，再用醋酸溶液或硼酸溶液冲洗。

➤ 被磷灼伤，应用硝酸银溶液、硫酸铜溶液或高锰酸钾溶液清洗伤处，再包扎，切勿用水冲洗。

7. 校园卫生事件

由于校园人员集中，中小学生免疫力较差，流感、肠道疾病、新型冠状病毒感染等传染性疾病在校园内易传播。因此，应针对中小学在校集聚特点，结合不同疾病的特殊防疫要求，做好校园卫生防疫工作，防止安全事件发生。

🗑 针对新冠疫情，应做好以下防范措施：

➢ 自觉做好个人防护，正确佩戴口罩，社交距离1米以上，注意个人卫生、及时清洁、洗手消毒。

➢ 经常开窗通风，保持室内空气流通。

➢ 主动接种新冠疫苗。

➢ 严禁外来人员进入宿舍，不在宿舍聚集、串门。

➢ 接收快递做好手部和外部消毒清洁工作。

➢ 遵守学校防疫规定，自觉接受健康监测，配合核酸检测、测量体温，主动及时报告自身健康状况。

➢ 配合做好流行病学调查，必要时按照规定接受集中隔离医学观察或就医。

➢ 学生尽量采用步行、骑自行车或乘坐私家车上下学，路途中需戴好口罩。若需乘坐公共交通工具出行，要注意戴好口罩，减少与他人接触，并减少接触公共物品。

➤ 注重文明礼仪，在咳嗽或打喷嚏时，适当远离人群，同时用纸巾或手肘捂住口鼻，咳嗽或打喷嚏后要立即洗手；遇到正在咳嗽或打喷嚏的人时，要尽快远离，减少与之接触。

➤ 学校要做好疫情常态化准备工作，细化完善学校疫情防控方案。

√ 制定突发疫情快速响应处置应急预案；做好环境消杀和物资储备；及时准确掌握师生员工健康状况，动态调整各类信息台账；核查师生员工本人及共同居住者健康监测记录。

√ 加强用餐管理，各学校可以在合理安排、科学统筹的基础上，采取分批、分时段、错峰就餐原则，在学校食堂内就餐。学生在排队取餐时应全程佩戴口罩，并保持1米以上距离，餐桌设置隔离挡板，用餐期间不扎堆、不聊天，减少聚集风险。当前时期倡导采用"分餐到班"就餐方式。

√ 做好消毒、通风，对师生活动的公共区域以及洗手间、室内外健身器材等重点场所和重点部位，通过喷洒、擦拭等方式定期开展预防性消毒，室内定时开窗通风。

√ 继续坚持以班级、年级为单位的单元式、网格化管理，班级之间、楼层之间尽量少接触、不交叉，课间活动要分区域、分时段进行，尽量避免不同班级学生接触。

☗ 针对食物中毒，应注意：

➢ 食物中毒常见症状包括恶心或呕吐、腹痛、脱水或血性腹泻、发热、休克等，严重的患者甚至可能会因器官衰竭而死亡。

➢ 夏季气温高，湿度大，各种致病微生物极易生长繁殖，是食物中毒高发季节。为有效预防食物中毒，应注意：

➢ 校园餐饮服务单位要合规，食品卫生达标，做好定期监督，拒绝不合格餐饮单位进入学校。

➢ 学校要对餐饮服务单位采购食品追源溯流，对日常的环境卫生做好检查，为学生营造良好的就餐氛围。

➢ 不在校园周边购买"三无"食品，购买商品时要查看生产日期、保质期等。

➢ 餐饮服务人员要定期体检，检查合格后方可上岗。配菜期间做好防护，佩戴口罩、手套等。

➢ 要养成良好的卫生习惯，饭前便后洗手，外出不方

便洗手时，可以用酒精或消毒湿巾擦手。

➤在校就餐时，做到碗筷专人专用，及时清洗。

➤外出聚餐应选择食品卫生条件好、信誉度高的餐饮单位。自觉拒绝环境卫生差、餐具不消毒等食品安全状况差的餐饮单位，养成使用公筷的习惯。

➤不吃不洁净的瓜果、不新鲜和腐败变质的食物。

➤少吃油炸腌制食品，尽量少吃过凉的食物，这些食物会加重胃肠道的负担，容易出现呕吐、腹泻等反应。

➤不因好奇吃来历不明的食物。

➤遇有身体不适的情况，如恶心、呕吐、腹泻等症状，要立即告知家长或老师，及时就医。

油炸·腌制食品要·少吃，冷饮要·少喝。

针对流感，应做到：

➢ 减少去人群拥挤处活动，减少接触生病的人员。

➢ 外出做好个人防护，佩戴口罩。

➢ 养成良好的卫生习惯，勤洗手。

➢ 及时接种流感疫苗，有效防范流感传染。

➢ 加强体育锻炼，增强体质和抵抗力，有效预防流感

65

侵袭。

➢家中和教室要做到及时通风，保持室内清洁。

➢出现流感症状要及时告知家长或老师，及时就医。

➢有流感症状学生要及时告知老师，居家隔离，不入校。

➢在家做好隔离，尽量佩戴口罩，避免交叉感染。

🦷针对肠道传染病，应做到：

➢养成良好的个人卫生习惯，做到饭前便后勤洗手。

➢饮用温开水，不喝生水，不过量吃冷饮。

➢吃瓜果蔬菜时要清洗干净。

➢菜要烧熟煮透，不吃腐败变质和过期的食物。

➢尽可能不吃剩菜剩饭，若有未吃完的食物，应将其密封放置冰箱储存，食用时加热煮透。

➢家中有感染肠道疾病人员，要避免接触其粪便等污染物。

➢遇有身体不适的情况，如恶心、呕吐、腹泻等症状，要立即告知家长或老师，及时就医。

8.校园暴力事件

为预防欺凌、暴力伤害事件的发生，中小学生要了解校园暴力的表现形式。校园暴力案件中主要有两种暴力形式，一种是身体受到伤害，比如被殴打的行为，称为"热暴力"；另一种是"冷暴力"，就是精神受到伤害，比如被胁迫、侮辱、排挤等。

☕ 预防校园暴力事件的发生，应做到：

➢ 上下学尽量结伴同行。上下学途中不在外面逗留，不去偏僻的地方或陌生场所，按时回家。

➢ 与同学友好相处，遇到矛盾应及时化解。

➢ 穿戴要朴素，不要穿奇装异服。

➢ 学会拒绝不正当要求，不实施、不参与欺凌和暴力行为，切忌"以暴制暴"，不要抱有"以牙还牙"的心理。

☕ 遭受欺凌暴力时，应做到：

➢ 不能对暴力侵害忍气吞声，要及时向家长和老师报告。

➢ 遭受欺凌或暴力时，保持沉着冷静，不要激怒对方，尽量拖延时间。在确保自身安全的前提下向周边行人

大声呼救或做出引起周边行人注意的动作。

➤ 要及时向老师报告或拨打"110"报警求助。

9. 拐骗事件

近年来，少年儿童被骗及被抢盗事件时有发生。为增强中小学生安全意识，提高自我保护能力，避免拐骗事件发生，一定要加强对少年儿童自身安全教育。

🎴 **少年儿童六大易走失场所**

➤ 商场。很多家长在试衣服或者选购商品时，往往会忽视孩子，孩子离开了自己的视线范围。

➤ 公园或广场。这些地方比较开阔，人流量大，孩子容易乱跑走丢。

➤ 车站。车站每天人来人往，鱼龙混杂，孩子很容易被人贩子盯上。

➤ 超市。大型超市货架间隔多，孩子不易区分，往往会迷路，并且货架一般比较高大，会遮挡家长与孩子的视线，这是一个较大的隐患。

➤ 游乐场。游乐场人流量大，游戏项目多，孩子容易分散注意力，和家长走散。

➤ 大型晚会现场。大型晚会现场人员密集，灯光昏暗，易发生走失。

🎴 **预防拐骗事件的发生，应做到：**

➢放学时如果不是自己的亲人来学校接，要及时地告知老师，由老师联系家长，在不能确认的情况下不能跟别人走。

➢外出游玩时要征得家长同意并将行程告知父母或其他家人，说明大概的返家时间。

➢养成进出家门随手关门的习惯，一个人在家时遇到陌生人来敲门，不要开门。

➢上下学、外出游玩、购物时，最好与同学、朋友、家长等结伴同行，节假日人流比较多，和家长上街或外出游玩一定要牵手、紧随家长。

➢不搭陌生人的便车，不接受陌生人的钱财、玩具、礼物或食物，坚决拒绝他人诱惑。

➢驾车的陌生人问路，要与其保持一定距离，不可贴近车身。

➢不独自通过狭窄街巷、昏暗地下通道，不独自去偏远的公园、无人管理的公厕。

➢不要把家中的钥匙挂在胸前。不要在外人或朋友面前炫耀父母的地位或财富。

➢遇事先和家长老师商量，不能认为自己什么都会解决，擅自做主往往会导致危险发生。

🏮一旦发现自己被拐骗，可以通过以下方式解决：

➢若在公共场所发现受骗或受到威胁，应立即向人多的地方靠近或跑进旁边的机关单位，并大声呼救，寻求帮助。

➢如已被控制人身自由，应保持镇静，在确保安全的情况下，设法了解自己所处的地址及犯罪嫌疑人人数、口音等基本情况。

➢向人贩子、买主及相关人员宣讲国家法律，告知严重后果，伺机外出求援或逃走。

➢采取传小纸条等方式向周围人暗示你的处境，请求帮助，设法与外界取得联系。

➢不要放弃，想方设法，寻找机会向公安机关报案（拨打"110"电话求助），拨打电话、发送短信或通过网络等一切可与外界联系的方式尽快报警，说明你所在的地方、买主（雇主）姓名或联系电话。

10. 自然灾害

　　我国是世界上自然灾害较严重的国家之一，灾害种类多、发生频率高、分布地域广、造成损失大。应急管理部相关统计数据显示，2021年全国各种自然灾害共造成1.07亿人次受灾，因灾死亡失踪867人，直接经济损失3 340.2亿元。自然灾害的发生不可避免，意外事故的出现也总是让人猝不及防。历史的经验教训告诉我们，具备充分的防灾减灾意识，掌握必要的防灾自救知识，采取科学的防灾避险行动，是减少灾害损失、保护自己和家人生命安全的有效途径。针对学生成长特点和学校面临的主要灾害，本部分介绍地震、泥石流、雷雨天气、暴雨洪涝、高温等灾害种类，以及学生需要掌握的防灾减灾救灾知识和基本避险互救技能。

　　🏛 地震

　　地震灾害的伤亡主要由建筑物倒塌、山体滑坡造成。地震发生时，学生应做到：

　　➢ 千万不要惊慌，不要乘坐电梯撤离或盲目跳楼。

　　➢ 在教室时，要在老师的指挥下迅速抱头躲在各自的课桌下。等老师确认安全后，再有组织地撤离教室，到就近的开阔地带避震。

➤ 在家中时，应就近避险。躲在结实、不易倾倒、能掩护身体的物体下或承重墙旁边，如桌、床等，也可尽快跑到开间较小、有支撑的房间去，如厨房、卫生间等；如果时间允许，要先打开房门，以保证通道畅通；可趴下使身体重心降到最低，脸朝下，不要压住

口鼻，抓住身边牢固物体，也可以蹲下或坐下，尽量把身体蜷曲起来，注意保护头部和颈部，待震动停止后再撤离到安全地方。

➢ 在室外时，应用手护住头部，避开高大建筑物、高压线、广告牌等，尽快转移至附近空旷地带；如果跟随拥挤的人群一起撤离，应解开领扣，双手在胸前交叉护住胸口。

➢ 无论在何处避险，如有可能应尽量用棉被、枕头、书包或其他软物体保护好头部。

➢ 被困废墟时，要尽力保证有足够的呼吸空间，如

有可能，用毛巾等捂住口鼻，避免灰尘呛闷发生窒息。

➢应尽量保存体力，注意外面动静，用敲击的方法，伺机呼救。

➢尽量寻找水源和食物，创造生存条件，耐心等待救援。

➢要保持良好的心理状态，坚定能够被救摇动的信念。

➢如遇到身体创伤，要就地取材止血。

专家提醒

　　学校和家庭应提前做好地震应急演练，提升中小学生应急避险能力。

🏠 泥石流

泥石流是在山区沟谷或斜坡上由暴雨、冰雪融水引发的一种携带大量泥沙、石块的特殊洪流，常与山洪相伴，对房屋、农田、道路、桥梁等破坏极大。

泥石流来临前会有一些征兆，如河床中正常流

水突然断流、洪水突然增大并伴有较多柴草树木、深谷或沟内传来类似火车轰鸣声或闷雷声、沟谷深处变得昏暗并伴有轰鸣声或轻微振动声。

当发生泥石流后，应迅速采取以下措施：

➢ 若处于泥石流沟道中或堆积扇上，应迅速向沟谷两侧的山坡或高地撤离，切记不要朝上游或下游方向撤离，因为泥石流流动的速度比人跑动的速度快。同时注意不要爬到泥石流可能直接冲击的山坡上。

➢ 不要上树躲避，因泥石流不同于一般洪水，可摧毁沿途一切障碍物。

➤不要向地势空旷、树木生长稀疏的地方撤离，应就近选择树木生长密集的地带撤离，因为密集的树木可以阻挡泥石流的前进。如果无法撤离时，可迅速抱住身边的树木等固定物体，待泥石流流速减缓或停止后，再寻找机会撤离。

➤不要躲在有滚石和大量堆积物的陡峭山坡下方，可以选择到平整安全的高地躲避。

➤遇到强降雨引发的泥石流时，不要向土层较厚的地带撤离，要向地质坚硬、不易被雨水冲毁、没有碎石的岩石地带撤离。

➤当行车途中遭遇泥石流时，不要躲在车上，因为容易被掩埋在车内。

➤车内人员需要第一时间弃车撤离。撤离时，应放弃一切影响奔跑速度的物品。

➤尽快与有关部门取得联系，报告自己的方位和险情，积极寻求救援。

😀 雷雨天气

雷雨天气应尽量留在室内，避免外出，并做好如下防护：

➤雷雨天气时，关好门窗，不要靠近门窗、阳台和外墙壁。

➤不要靠近、触摸任何金属管线，包括水管、暖气管、煤气管等。

>尽可能关闭或不使用各类家用电器和通信设备，并拔掉电源插座。

>雷雨天气不要使用太阳能热水器。

>不要使用手机等通信设备。

>接送孩子上下学期间务必要加强对幼儿安全事故的防范意识，切实履行好对孩子的监护职责，备好有效避雨工具。

>暴雨可能导致井盖冲开及路面塌陷，应注意观察，小心前行。

>步行时要与高层建筑保持一定距离，积水区域，不要涉水或戏水，防止溺水或触电。

>骑车出行时要远离深水，远离车辆，选择地势较高处安全慢行。不要被雨衣遮挡视线及影响听力，注意观察

路况。路况不佳时最好推车步行。

➤ 在野外开阔地遇雷雨天气时，不要靠近大树、高塔、电线杆、广告牌等，应尽快寻找一个低洼地或沟渠蹲下，双脚并拢，手放在膝盖上，身体向前屈。

➤ 上下学途中遭遇大风、暴雨等恶劣天气时，应就近寻找安全处躲避，以免发生危险。

➤ 若在室外遇到打雷，应立即缩成一团，双手捂住耳朵，头夹在两膝之间。

➢暴雨天气被困家中或教室等室内时，应寻找手电筒、哨子、镜子、打火机、色彩艳丽的衣物等，向外部求救并等待救援。

➢受到暴雨威胁时，如果时间充裕，应按照预定路线有组织地向山坡、高地等处转移，在受到洪水包围的情况下，尽可能利用船只、木排、门板、木床等做水上转移。

➢在山区，如果连降大雨，极易暴发山洪。此时应注意避免外出、渡河，同时防止山体滑坡、滚石、泥石流等伤害。

➢发现高压线铁塔倾倒、电线低垂或断折时要远离，不可触摸或接近，防止触电。

🗻 洪涝

洪涝来临前，会出现溪水突然混浊、流速增大、水位上升，并有由远而近如火车轰鸣般的水声。

洪涝来临时，应采取以下措施：

➢当积水浸入室内时，应立即切断电源，关闭燃气，防止积水带电伤人。尽快撤离到高处避险，并立即发出求救信号。

➢若被洪水包围，来不及转移时，应立即爬上屋顶、大树、高墙等处暂时躲避，等待救援。

➢在户外时，要注意观察路况，贴近建筑物行走，以防跌入窨井、地坑等。

➢发现高压线铁塔倾斜、电线断头下垂时，一定要远离，以防触电。

➢如果洪水继续上涨，已危及避险处，要尽可能利用身边的木板、大件泡沫塑料、木质家具、篮球等能漂浮的物体逃生。

➢一旦落水，不要慌张，尽量让身体漂浮在水面，头部浮出水面，抓住身边漂浮的任何物体。

🌡 高温

气象上将日最高气温 ≥ 35 ℃定义为高温日，日最高气温 ≥ 38 ℃为酷热日。我国的高温天气主要发生在每年的 5—9 月，7 月中旬出现的频次最高。夏季高温容易引起中暑，加强预防可以减少发病率，预防中暑应注意以下几点：

➢通风。天气炎热时即使在房间不出门也应该开窗，做好通风散热，不宜长时间使用空调。

➢喝水。大量出汗后，要及时补充水分。

➢降温。应做好防晒的准备，最好准备太阳伞、遮阳帽，着浅色透气性好的服装。一旦有中暑的征兆，要立即寻找阴凉通风之处，解开衣领降低体温。

➤备药。可以随身带一些人丹、十滴水、藿香正气液等药品，以缓解中暑引起的症状。如果中暑症状严重，应立即送医院诊治。

➤应尽量减少户外活动。如遇高温天气，学校可暂停体育课、大课间活动、跑操和运动类课后活动等；教育引导家长和学生上下学时做好防护，避免引发中暑。

➤各学校要结合实际提前开放空调、风扇降温，课间要开窗通风换气。学生宿舍不具备条件的可以在确保安全的前提下采取放置冰块等方式降温。学校要足量提供健康安全的饮用水，食堂和配餐公司要为学生提供绿豆汤等健康免费的防暑降温饮品，不得提供冰糕等冰冻食品，以防引发学生身体不适。

➤选择吸汗、宽松、透气的衣服。大汗淋漓时要稍事休息后再用温水洗澡，不要使用冷水洗澡。

➤如果出现头晕、心慌、腿软等中暑现象，应尽快到阴凉通风的地方休息，在室内，要及时开窗通风。

➤若发现中暑者，应立即告知老师和家长，并进行降温处理，不要使用冰水、冰块进行降温，可以用湿毛巾擦拭身体并及时补充水分和电解质。

专家提醒

　　直接把冰块放到身上容易冻伤。另外，剧烈的冷刺激还可能会导致痉挛。中暑者补充电解质的首选是淡盐水。

　　出现中暑症状的处理：

➤轻者要迅速到阴凉通风处仰卧休息，解开衣扣、腰带，敞开上衣。可服藿香正气液、十滴水、人丹等防治中暑的药品。

➤如果患者的体温持续上升时，可以在澡盆中用温水浸泡下半身，并用湿毛巾擦浴上半身。

➤如果患者出现意识不清或痉挛症状，可掐人中、合谷等穴使其苏醒。若呼吸停止，应立即实施人工呼吸，同时拨打"120"急救电话。

四、典型事故案例

Dianxing Shigu Anli

典型事故案例

1. 广西昭平中学生违规驾驶摩托车事故
2. 重庆潼南小学生溺水事故
3. 云南昆明某小学踩踏事故
4. 河南某校中学生宿舍火灾事故
5. 安徽淮北小学生涉水触电事故
6. 广东佛山某小学食物中毒事件

1. 广西昭平中学生违规驾驶摩托车事故

◆ 事故案例 ◆

2021 年 5 月 2 日，韩某康（15 岁）未到法定驾驶机动车年龄、未戴安全头盔、饮酒后驾驶未悬挂机动车号牌的普通二轮摩托车时，摩托车碰撞路肩后翻滚倒地，造成摩托车损坏，韩某康受重伤，人员经抢救无效死亡。

● 事 故 教 训 ●

　　该起事故是由于未成年韩某康不戴头盔、无证酒后违规驾驶机动车而引起的交通事故。

专家提醒

　　未成年人年龄小，心智不成熟，自控能力低，喜欢追求刺激，容易超速行驶，驾驶机动车存在极大的安全隐患。

　　酒驾是严重的交通违法行为，未成年人酒后驾驶安全隐患更大，家长们有责任加强对未成年子女的安全教育提醒。家长在假期的时候，要把车子和车钥匙管理好，不要让未成年人独自驾驶车辆出行。否则，一旦发生交通事故，家长需要承担相应的责任。

2. 重庆潼南小学生溺水事故

● 事故案例 ●

2020年6月21日下午，重庆市潼南米心镇小学学生，周末放假自发相约到童家坝涪江河一宽阔的河滩处玩耍，其间有1名学生不慎失足落水，旁边7名学生前去施救，造成施救学生一并落水。经当地政府全力搜救打捞，8名落水小学生全部打捞出水，均已无生命体征。

● 事故教训 ●

　　该起事故是由于学生安全意识薄弱，私自前往危险水域玩耍而引发的安全事故，加之这些学生应急避险能力差，缺乏对溺水者正确的施救技能，盲目施救，造成8名儿童全部遇难。

专家提醒

　　夏季是溺水事故的高发季节，家长和老师要足够重视中小学生游泳安全的知识普及。让其牢记"不到野外玩水、不游野泳、不盲目下水施救"。

3. 云南昆明某小学踩踏事故

● 事故案例 ●

昆明某小学低年级部学生午休起床后返回教室上课途中，临时靠墙放置于午休宿舍楼过道处的海绵垫子造成通道不畅，先期下楼的学生在通过海绵垫时发生跌倒，后续下楼的大量学生不清楚情况，继续向前拥挤造成相互叠加挤压，导致6名小学生死亡，多人受伤。

• 事故教训 •

　　该起事故主要由于存在以下安全隐患：楼梯狭窄，楼道内堆放海绵垫子未及时清理，小学生避险能力弱，自救能力差，触发危险因素从而引发了踩踏事故，这也是校园安全监督管理工作中不到位的结果。

专家提醒

　　发觉人群向自己涌来时，应立即避到一旁，不要逆着人流前进；若被人群挤倒，身体应保持俯卧姿势蜷成球状，双手在颈后紧扣，两肘支撑地面以保护身体，防止被踏伤；拥挤现场一定要听从指挥，有序撤离。

4.河南某校中学生宿舍火灾事故

• 事故案例 •

河南省某校中学生凌晨在宿舍点蜡烛看书，不慎碰倒蜡烛引燃蚊帐和衣物引起火灾，造成21人死亡，2人受伤，烧毁宿舍24平方米。

• 事故教训 •

此次事故的起因是学校安全管理松懈；学生在蚊帐内点蜡烛看书，不慎碰倒蜡烛引燃蚊帐和衣物；学生宿舍住宿人数过多；学校防火安全制度落实不到位。

专家提醒

不要在宿舍内点蜡烛，以免引起火灾。学校应加强宿舍管理和火灾逃生应急演练工作。

● 事故案例 ●

2019年6月28日晚，安徽淮北濉溪县恒大名都西门口，因降雨积水导致一名男孩在涉水回家的途中不幸触电身亡。

95

● 事故教训 ●

事故为暴雨天气道路积水，路灯基座漏电所致。

专家提醒

　　雷雨天气易出现积水区域，应注意观察道路情况，小心前行。最好由家长接送上下学。不要涉水或戏水，防止溺水或触电。

6. 广东佛山某小学食物中毒事件

• 事故案例 •

广东省佛山市某学校四、五、六年级 500 多名学生午餐后陆续出现腹痛和呕吐现象，老师见状立即向学校反映，随后将感到不适的学生送往医院救治。次日，还有 3 名学生尚未出院。

● 事故教训 ●

此次中毒事件的发生是因为食堂提供了未煮熟、煮透的鱼丸和肉丸，缺少食品安全管理机制；该校食堂还尚未领取卫生许可证。学校及相关部门应加强对食堂工作的监管力度。

专家提醒

学生就餐时，不要吃未煮熟的饭菜，若发现食物未煮熟，要及时告知食堂工作人员；同时相关部门要加强对学校食堂的监管。